G 花园时光 TIME
ARDEN 之园设计①

玛格丽特　主编

中国林业出版社

《花园时光》是针对园艺爱好者的系列出版物，从第5辑开始，每一本都设定一个主题，本辑为花园设计主题。该书内容丰富、时尚，呈现给读者一种全新的园艺生活方式，欢迎广大读者踊跃投稿。

电话：010-83143565
微博：花园时光gardentime
邮箱：huayuanshiguang@163.com

总　策　划：韬祺文化
主　　编：玛格丽特
撰　　稿（以文中出现的先后为序）：
　　李淑琦　天蝎花园主人　赵宏　快乐农妇　嘉和
　　玛格丽特　赵梦欣　杨晓萍　印芳　赵伶俐　赵凯峰
封面图片：玛格丽特

欢迎关注中国林业出版社官方微信及天猫旗舰店

中国林业出版社官方微信　　　中国林业出版社天猫旗舰店

图书在版编目（CIP）数据

花园时光.花园设计.1 / 玛格丽特主编.-- 北京：
中国林业出版社，2015.5
ISBN 978-7-5038-7952-4

Ⅰ.①花… Ⅱ.①玛… Ⅲ.①观赏园艺②花园－园林设计 Ⅳ.①S68②TU986.2
中国版本图书馆CIP数据核字(2015)第072604号

策划编辑：何增明　印芳
责任编辑：印芳

出版：中国林业出版社
（北京西城区德内大街刘海胡同7号　100009）
电话：（010）83143565
发行：中国林业出版社
印刷：北京卡乐富印刷有限公司
印张：6
字数：300千字
版次：2015年5月第1版
印次：2015年5月第1次
开本：889mm×1194mm　　1/16
定价：39.00元

最美的花园

　　编辑《花园时光》多辑了，见过各种各样的花园，然而我认为最美的，却是花友们自己亲手设计和打理的花园。

　　我曾拜访过这样一家花园。当时深秋已至，花园已经少有盛开的鲜花，小径两边的洋甘菊、虞美人已经凋零；种在大陶盆里的三角梅也开始落叶，太阳能花插在落叶中显得有些落寞；靠墙的一角是一棵高过人头的三角枫，下面散着铲子、手套，还有未施完的肥；向日葵头都低垂着，里面是满满的瓜子；花园的南边有菜地，菜篮子里是刚挖出来的红薯，还粘着泥……主人显然没拿我当客人，边忙乎边招呼我："一会儿请你尝尝核桃，今年刚结的果"，又说，"看看我这棵蓝莓，是从网上淘来的，我得给它搭个支架，不然明年枝条垂下来容易受伤"；"哎哟，差点忘了，晚上要下雨，我得赶紧把这些肉肉们都搬到屋里去"……

　　这样的花园，是多么不同于那些看上去十全十美、供人坐享其成的花园。没有高端大气的泳池、喷泉，红砖铺装也不显档次，种花的陶盆并不精致，也没有像地毯一样的绿茵茵的草坪……但这里弥漫着一种气息，生活的气息，它让人觉得无比亲近和自在。

　　人之至爱，莫过于自己付诸心血而创立的一事一物。花园也是这样，那些全由设计师、专职园丁包办的花园，花园里常年繁花似锦，主人甚至不曾见过院子里的枯枝落叶，花园的枯荣，与他毫不相干。他的花园是奢华的，但是他对花园的感知力却贫乏至极。虽然生活在花园中，但其实是生活在一个没有花园的住所，他又何曾能体会到花园带来的美？

　　花园总是和时光相连的，时光包含享受，也蕴涵付出，前者只是低层次的感官刺激，后者才能触及心灵。花园的打理，终究是主人心性的表现。每一个付出真心和汗水的花园，一眼就能看出它的与众不同之处。它的主人，也应该都是像我拜访的那家花园主人一样，对园艺"走火入魔"的。

　　本辑《花园时光》，我们将"花园设计"确定为主题，其中呈现的便有这样一位花园主人与其花园的点点滴滴。当然，与之相关的，还有一位与众不同的设计师……他们一起，成就了这个美丽的花园。

韬祺文化

2015 年 4 月

现在就开始，
实现花园梦想

　　每个人都有一个花园梦想，我也是！庆幸的是，我的花园梦想曾经在打理自家小院的过程中，得以实现！

　　和花园共处的时光是那么美好而惬意，在花园中折腾的感觉是那么酣畅而满足。春播秋种、翻地除草、杀虫灭菌……我改变着花园，它因为我的付出从荒芜变得繁花似锦；春华秋实、花香鸟语……花园也改变着我，只有真心的付出，终会收获内心的踏实和满足。

　　但我终究不是专业的设计师，所以，收到《花园时光》系列丛书编辑部要我担任"花园设计主题专辑"主编的邀约时，其实非常忐忑。"《花园时光》更重要的是传递一种生活的理念以及对花园的感触，而不仅仅只是教会人如何建一个花园"——最终这句话打动了我，我确实有太多对花园的感触想和大家分享。

　　在本辑《花园时光》中，我们先和大家分享的是一位花园主人用心打理自己花园的感触和心情，她在一位设计师的遥控指导下，亲手建成了自己美好的花园——天蝎花园。当然，那位遥控指导的花园设计师，也会以天蝎花园为案例，一步一步教您如何建设一个美丽的花园。除此之外，专辑中还介绍了我曾拜访的一个美丽花园以及背后的故事，还有一个特色主题花园，还有……

　　如果您正想实现您的花园梦想，那么，和我们一起吧，此刻起航……

玛格丽特

2015.3.31

G花园时光TIME
GARDEN

CONTENTS

花园设计①

082

008

046

034

042

072

BEAUTY COMES FROM EFFORTS

因为付出，所以最美

——天蝎花园主人建设花园的经历与感触

文图 / 李淑琦　天蝎花园主人

这是一个200多平方米的花园，花园主人在一位热心设计师的"遥控"指导下，自己亲手建造了这个花园。

当笔者与女主人相遇在花园里，看静坐在木质长椅上、被斜阳余辉暖暖包围其中、闲散而不失精致、慵懒而不失优雅的她，不由感慨，原来园艺可以带给人如此惬意的美好。

旧的木质花园桌上摆满了养护多年的肉肉及饰品，非常有田园、自然的味道。

花园里有不少小摆件和装饰品，以及特色的花盆花架，都是主人费心从网上淘来的。比起设计公司标配的饰品，天蝎花园的更具特色及生活的气息。

Q：您的 QQ 签名是"天蝎花园主人"，花园为什么叫做天蝎花园呢？

A：我是典型的天蝎座，凡事追求尽善尽美，追求极致，一旦投入就会做到最好，我们希望通过努力，把这个花园建成心中的理想花园。

Q：这个花园真的很美！花园的面积不小，从一片平地到建起一个花园，不是一件容易的事情，花园都是你们自己来创意、施工、建造的么？

A：2012 年底房子交付，原本的想法是想找一家专业的园艺公司施工，但他们设计的图纸、使用的材料总有雷同的感觉，看到许多园艺杂志上的个性花园美图，我们就想自己找材料找工人，决定要按照自己的想法去亲手建立一个花香四溢、舒适温暖的法式乡村花园。我把室内装修交给了先生，自己则一头扎进花园，开始了造园之路。我想很少有人会将室内装修和花园建造一起启动，可我们就是这么迫切的开始造园了。

我们还是很幸运的，在淘宝上遇到了"庭院时光"。是一次为露台淘一套铸铁风铃时，不经意间在淘宝上发现了一家名为"庭院时光"的造园店家，掌柜开设的公益性造园论坛，每个版块内容丰富，一下子把我吸引住了。仔细欣赏了掌柜的露台花园，阅读了一篇篇造园贴后，我和先生热血沸腾，恨不得马上着手造园。在这里，我们从国外庭院赏析、庭院美图、庭院杂志中学到许多造园知识；从旅游和美食栏目中让我们了解到掌柜崇尚自然、健康向上的生活态度；我们还感动于他在论坛里为园艺新人提供的"人人为我、我为人人"的无报酬设计帮助。我们在造园论坛里切切实实得到了掌柜的帮助，不仅通过网络交流，还见面沟通，当掌柜将一张张大小不一的手绘设计手稿交给我们时，我们的花园梦真正的就此开启了。

①
②│③

①花园草坪边的花境。
②压水机与常春藤的搭配。
③盆栽和地栽植物相得益彰，很具生活气息。

花园东北侧的菜地。

花房里也是肉肉。

Q：哦，看来"庭院时光"给予了你们不少的帮助！

A：是呢。没有"庭院时光"的帮助，可能今天我们坐的花园就不是我梦想中的"天蝎花园"了。我记得当时在寻求帮助时，在庭院时光论坛造园救助贴中我是这样描述：我深深迷恋法式乡村落寞的奢华、质朴的优雅、自然的气质，我希望花园里有溪流、草坪、阳光房、菜地，当然更不能缺少休憩平台。这就是我心目中的"天蝎花园"。如今我的梦想实现了。

也正是因为这个"天蝎花园"，我们融入了庭院时光的大家庭，从相识到相知，在造园的过程中一路走来，庭院时光给了我们很大的帮助，从花园的整体定位到花园的设计，以及重点部位的施工，都倾注了掌柜大量的时间和精力。在造园的过程中我们谨遵照总设计师的思路，完整体现了他的设计思想，使之真正成为一件"作品"。

Q： 以室内装修经验看，设计施工中都会遇到很多问题，您在花园施工中遭遇过什么问题吗？

A： 在造园过程中，我和工人之间的沟通工作是最为艰难的，因为他们按照惯性思维在施工，与我的造园思路总会有些差距，我要不断地盯着施工进程，以便能够按照图纸和我的想法施工，这样才能最终与我想要的花园达成一致的效果。

不过，现在坐在自己理想中的花园中，回想起来，一切都是值得的。自己亲身经历了造园的全过程，虽然园土回填时还是废土一堆，虽然造园初期种下的花草被工人时时不经意的破坏，但在室内装修完工时看到墙外已爬上了紫藤和爬山虎，花园里生机勃勃的花草树木，一次次的坚持，一次次的沟通都是那么值得，苦与累早抛到了九霄云外。

多年的肉肉长成了老桩，与淘来的各种花盆配在一起，别有韵味。

Q：一走进花园，就可以感受到您的花园规划很好，每个板块之间的衔接也特别自然。

A：天蝎花园总面积 260 平方米，花园沿房屋周围呈"]"形，由四大板块组成：北面的入户处为香草种植地，沿着入户小路呈长形布置。东面由北至南依次是蔬菜园、草坪和地台，花园的小路由原石铺就一直延伸到南面的花园，并在小路与房屋间建造了一条花境。南面的花园铺设大块耐火砖，并设计一条贯穿地台和花房之间的溪流，很自然地将花园的各个区域联系起来。东南面是一座开放的花房，我所喜爱的花中精华都在那里呢。

Q：我发现花园有很多点睛之笔，一些小品、小物件的点缀，为花园增添了很多异域风情，整体氛围更加温馨。

A：是啊，这可是我最费心淘来的。花园建造的那段时间，我每天要在网上搜罗各种园艺饰品，例如，法式旧木系列桌椅、法式徽标铁艺挂件、"重口味"锈迹斑斑的铁皮花盆都是我和花友们争抢的孤品，也是今天"天蝎花园"里"最珍贵、最靓丽"的装饰品。

花园的昌荣，离不开主人精心的打理与付出。

当室内装修进入收尾阶段，花园的基础建设也告一段落，各个区块渐现雏形，我的一件件宝贝在花园里就位了：铁艺花架、旧木桌椅、花盆摆饰等等，与初栽的花草构成了一个完美的小天地。

每每闲暇时，我都会拿出珍藏的法式茶具，泡上一杯浓浓的手工咖啡或香气四溢的红茶，我和先生就静静地相对而坐，望着花园里的一切，回味造园路上经历的酸甜苦辣：包括地台的翻建、园路的铺设、园土的更换、草坪的种植都经历了返工和整改，又有城管和物业的干涉，也曾经郁闷和迷茫，但现在看着花园里日新月异的变化却感到无比的愉悦。

Q：非常感谢能够和花友们分享在花园建设中的心得，也衷心祝愿天蝎花园越来越美。

A：很高兴有这样的机会，把天蝎花园介绍给大家，现在看来，我们的造园路只能算是刚刚起步，比如，花园里的植物搭配和维护还需要不断的摸索和整改呢。我和先生非常愿意把我的建园经验与花园爱好者们共同分享，能帮助大家的花园梦更好的实现！

肉肉是主人非常喜欢的植物，花园里到处可见。

THE FIRST STEP OF GARDEN CONSTRUCTION

设计，花园建设第一步

——以天蝎花园为例，手把手教您如何设计自己的花园　文图／赵宏

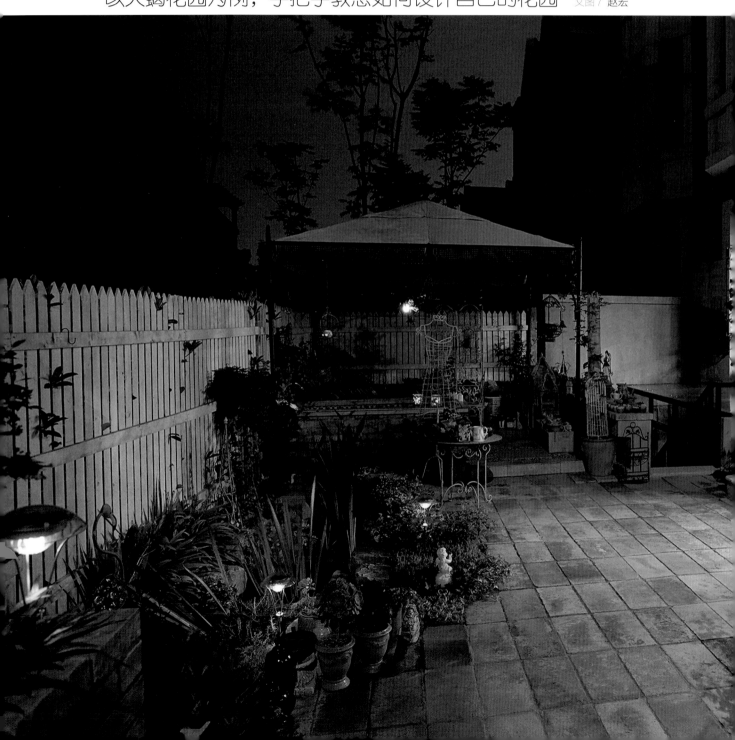

一年前，我在自己的淘宝论坛——庭院时光造园论坛里，教一位花友一步一步地设计建造了自己的花园，这个花园取名为"天蝎花园"，就是开篇文章介绍的那个花园。现在，我根据自己的经验和心得，以"天蝎花园"为例，来一步一步教大家花园设计的方法。

除了设计之外，后面的文章还会教您如何建造花园里的其他景观，比如壁炉、花房、溪流等等，希望能让您所借鉴。

赵宏

居住在浙江金华，从事造园将近20年，擅长私家庭院的设计和施工，假山工程，园林雕塑和盆景造型。一直以来都是自己设计并亲自施工，将实践与设计紧密结合并相辅相成。
造园论坛
http://bangpai.taobao.com/group/550226.htm

入口处栅栏上的邮箱非常活泼生动。

天蝎花园夜晚实景图，花房和溪流毗邻而建。

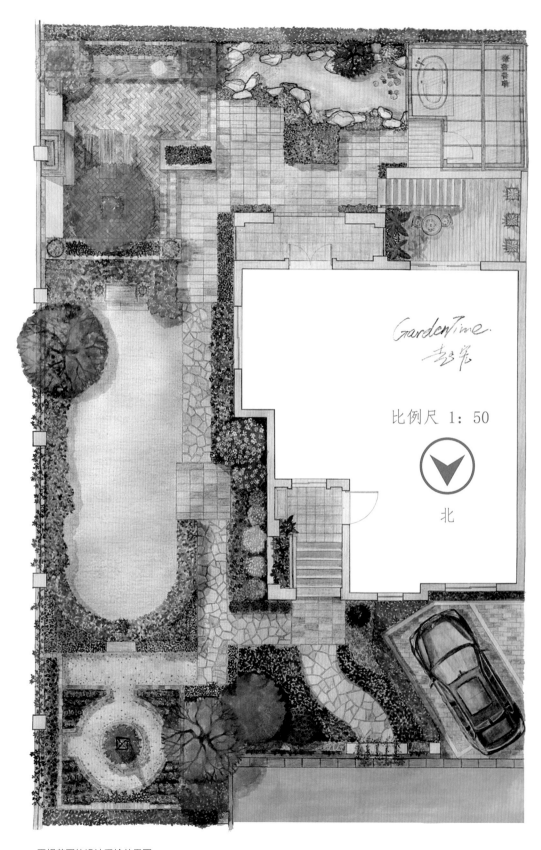

比例尺 1：50

北

天蝎花园的设计手绘效果图

"在决定要购买房子的时候，我就下决心一定要选一个带花园的。当我终于拥有了一套梦寐以求的带花园的房子后，我突然发现，我不知道如何将一块空地变成一个我梦想中的花园了。"这是我在为客户做花园设计时听到最多的话。的确，对于从未接触过花园设计、不是十分了解植物花草的"外行人"来说，将一块空地变成一个美丽的花园是件很难的事情。

为此，有人去找装修公司，施工下来却发现眼前的花园没有自然可言，地面贴地砖，墙面贴墙砖，夏天反射热量，冬天下雪后湿滑，一堆的问题；当然也有优秀的专业造园公司，但一问价格，好吓人，还真不好承受。

怎么样才能拥有一个自己满意的花园呢？我的花园究竟该怎么做？不要着急，让我来告诉你：你自己做，**do it yourself**。其实最美的花园在你心中，哪怕是脑海里很模糊的一幅画面，或者是曾经在哪个画报上看到的美图，一直在你的记忆里，把它做出来就是最适合你自己的花园。当然，有了想法，还需要具体去实施。

第一步：收集庭院美图和造园方法

你可以到书店或者从网上购买造园类的书籍，书的内容如果有花园设计图或者施工步骤最好了。国内有很多优秀的造园、园艺类的期刊，比如《花园时光》《园艺家》。在淘宝网我们还可以购买到国外花园类杂志的电子书（PDF），如《Garden Design》《The English Garden》《Home Gardening》等。

此外，还可以通过谷歌、百度等搜索引擎，在互联网搜索花园、园艺类的美图。

也有很多优秀的园艺论坛值得关注，如：藏花阁、踏花行、篱笆网等，内容很丰富。从花园建设到花卉园艺，你可以参考"前辈"们介绍的方法和经验。当然，本人淘宝网有个店铺叫"庭院时光"，店铺里开办了一个"庭院时光造园论坛"（http://bangpai.taobao.com/group/550225.htm），除了介绍一些造园基础知识，还与网友进行网上互动，帮助他们建设自己的花园，已经有不少成功的案例了，很受花友的欢迎，天蝎花园就是这样建成的。如果你正巧想要自己建造一个花园，不妨来这里逛逛，和本人以及花友聊聊，或许就能获得灵感呢！

收集了各类花园美图后，你最好建立多个文件夹，然后分门别类：乡村田园风格、东南亚风格、地中海风格、中式、新中式等等，然后选出你最喜欢的风格，你的花园即可向这个方向发展。

收集到的美图要用好，不仅是看着形式很美就行了，还要细心观察，例如，很喜欢某个花坛、某种园路，要研究它们用的是什么材料，这种材料在哪里能买到？如何将这些材料运用好？这些基本功课做好了，你的花园建造工作就可以进入下一步啦！

第二步：明确花园里需要什么

这个工作很重要，你可以和家人一起来完成。因为这个花园最终是为全家服务的，所以每个人的需求都尽量考虑到。当然，在花园面积不是很大的情况下，要做出让步和取舍，不然花园会塞不下。

怎么调查家庭成员的需求呢？例如：

我 想要一个户外烧烤炉，可以和朋友在花园里烧烤，喝啤酒，吹牛；

妻子 想要一个葡萄架，挂满晶莹的葡萄或者开满月季。我可以沏一壶普洱，坐在下面，安静的看书，或者约几个闺蜜聊天；

孩子 我想要一个秋千，做梦都想要；

外公 我想要一个鱼池，栽一盆碗莲，看鲤鱼在荷叶下游窜；

外婆 我想要一块菜地，为咱家的餐桌上添加有机蔬菜。

每个人提一个愿望，全家坐下来进行商讨，花园做什么风格，每个人的愿望的取舍，最终做出选择，确定下花园大致的格局。

第三步：测量花园

准备：一把 5 米卷尺（甚至更长），一张空白纸和一支笔。

在测量前，先在白纸上画一张平面草图，不需要很精确。一边观察现场，一边画。

测量时，最好两个人拉一把卷尺，将量好的尺寸标注到草图的相应位置。每一段数据都要量，卷尺测量结果精确到 0.5 厘米。具体内容如下：

1. 画出院子的轮廓，包括围墙（或栏杆），围墙的立柱，围墙用双直线（因为有厚度），除了长度，厚度也要量。

2. 花园的建筑外墙形状，每一段转弯都要画，有些建筑外墙有门套和窗套，都需要将它画出来。墙体也是画双直线。

3. 标出窨井盖（或者排水孔）的位置。在院子大的情况下，横直拉尺子坐标法并不是很精确，可以从建筑的两个屋角拉尺子，这样两条相交的直线定位一个点，一般圆形窨井只需定位圆心，然后测量直径；

方形窨井需要测量 2~3 个点，再测量窨井长和宽。

4. 标出原有树木的位置（如果有的话）。和测量窨井的方法相同，以树干为定位点，拉卷尺到建筑的两个屋角。

5. 高度在平面图中并不能表现出来，但有些高度也要记录，比如窗台高度、围墙高度、台阶高度。如果之后还要绘制立面图，那需要的立面尺寸都要测量，并标注到草稿的相应位置。

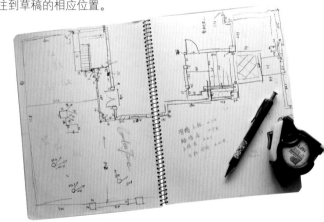

第四步：绘制平面图的准备工作

完成以上工作后，就要绘制一份平面图，而且是按照比例尺绘制的平面图。

曾经看到一个刚学庭院设计的学生，图画的非常漂亮，但是在 40 平方米的小空间内却安排了亭台楼阁。花园可不是做微缩景观啊，正因为对尺寸把握不准，所以一定要按照比例尺来画图。

在花园平面图里，院子大小、建筑大小、园路、花坛、坐凳等都是根据实际尺寸缩小，按比例尺绘制的，只有这样才能很直观地判断出，设计进去的元素会不会比例失调不和谐？这样的安排是不是实用科学美观？

正规的平面图一般采用 1：100 的比例，也就是图纸上测量 1 厘米等于现实中的 100 厘米（就是 1 米）。但 1：100 我觉得画出来的效果太迷你，很多想表达的画不出来。所以，我更倾向采用 1：50 的比例绘图。也就是现实测量 1 米，到图纸上画 2 厘米的直线，现实测量 50 厘米，在图纸上画 1 厘米。30 厘米 x30 厘米的地砖，画到图中就是 0.6 厘米 ×0.6 厘米的方块。

1：50 的图纸，可以按比例画出园路所采用的砖块大小、户外木地板的地板宽度。在准备材料时，只需要点一下图纸上砖块的数量，就知道采购量是多少，也便于计算大概需要的花费。

绘图前要做好的准备：

材料：白纸（可以是复印纸）、三角尺、自动铅笔、圆规或者圆圈模板。

1. 纸张：根据花园的大小，来选择纸张的大小，纸张可以用复印空白纸，如果更大的 A1、A2 纸张就需

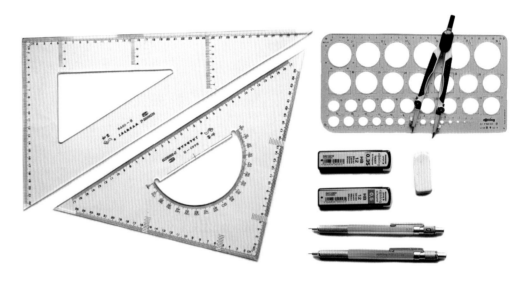

要到文具商店购买了。

我的经验是，比例尺 1：50 的情况，约 80 平方米以内的院子可以采用 A4 纸（A4 纸尺寸：29.5 厘米 × 21 厘米）。80~200 平方米的园子，最好选用 A3 纸画图。

2. 三角尺：购买一套绘图用的三角尺，通常包含两把，斜边直角和等腰直角。

3. 自动铅笔：专业设计师绘图一般是用针管笔，笔内装绘图墨水，笔芯有 0.35、0.5、1.0 三种规格，纸张是硫酸纸，万一画错线条要修改是用刀片刮。其实，从方便性考虑，用自动铅笔就可以，便于修改。自动铅笔需准备两支，一支笔芯是 0.35，另一支是 0.5，如果画 1.0 的粗实线，只需用 0.5 画两次。

1.0 通常画粗实线，如建筑墙体，立柱轮廓，假山石。

0.5 是最常用的，花园里的砖块铺装、葡萄架、桌椅、水池、围墙、树木等，都是用这支笔。

0.35 不常用，却少不了。铝合金门窗，门的圆弧轨迹，较小的物件都用这支笔画。

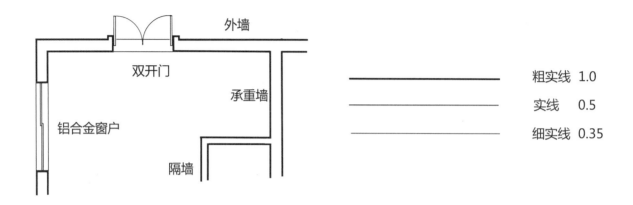

4. 圆规或者圆圈模板：用于画圆形的图案，例如圆形的铺装、树木的平面图案。如果要在院子里种植一株冠径 2 米的丹桂，那就用圆规或模板画一个 4 厘米的圆。各种树木用不同图案来代表，下图为常用的几款：

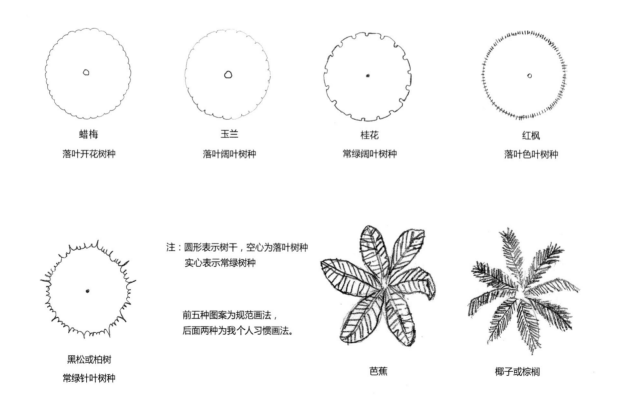

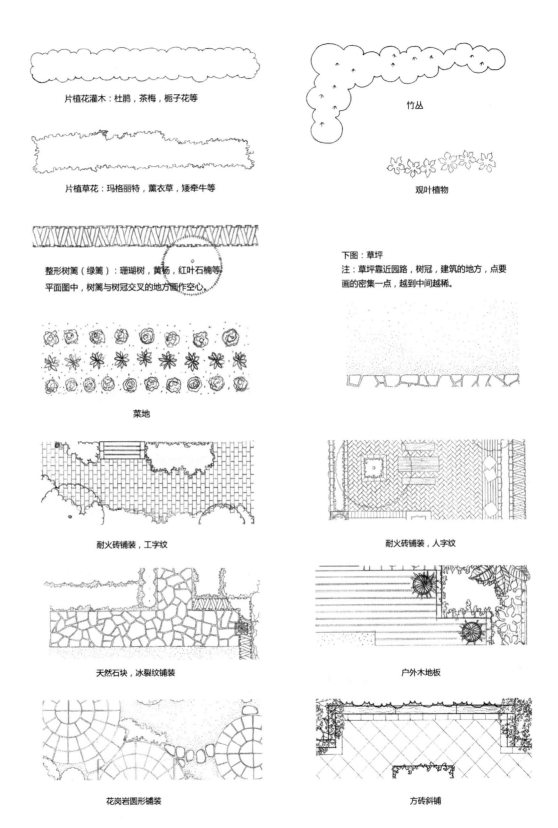

片植花灌木：杜鹃，茶梅，栀子花等

竹丛

片植草花：玛格丽特，薰衣草，矮牵牛等

观叶植物

整形树篱（绿篱）：珊瑚树，黄杨，红叶石楠等
平面图中，树篱与树冠交叉的地方画作空心。

下图：草坪
注：草坪靠近园路，树冠，建筑的地方，点要
画的密集一点，越到中间越稀。

菜地

耐火砖铺装，工字纹

耐火砖铺装，人字纹

天然石块，冰裂纹铺装

户外木地板

花岗岩圆形铺装

方砖斜铺

5. 购买房子时，房产商都会有一张带有尺寸的建筑平面图给你，这张图可以用来参考。
但我认为尺寸应该按照以自己量的为准，因为那更"真实"。

天蝎花园各景观要素实景。

第五步：开始绘制平面图

1. 先在白纸上绘出建筑和花园的轮廓

　　面对一张白纸，对于从没有画过图画的人，可能真的无从下手，不知从哪里开始。前面不是已经测量了数据吗，那就先在白纸上将建筑和花园的轮廓画出来，是设计的第一步。每个数据都要经过 1：50 的换算，利用三角尺和铅笔绘制。信心、耐心和仔细是你所需要的。

　　根据院子范围的最长边和最宽边，在白纸上画一个长方形。画在白纸的正中会比较美观。

　　画草稿时，下笔要轻，因为过程中还会有涂改。

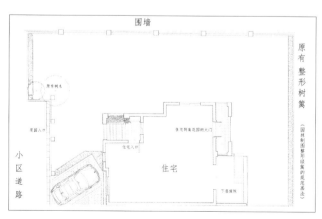

第一步，天蝎花园建筑和花园轮廓图。

2. 确定元素，整理思路

关于这一点，举例来说明：天蝎花园的女主人最初就想要一个四季都有鲜花和布满杂货的花园；男主人希望有一片草坪，并可以在上面练习高尔夫。经过沟通，这家花园最终确定了法式田园风格。

什么是法式田园风格呢？法国人轻松惬意，与世无争的生活方式使得法式田园风格具有悠闲、小资、舒适而简单、生活气息浓郁的特点。据此，可以明确这个庭院的主要元素：

1）一块户外就餐区，客人来了也可以和他们在这里喝茶聊天；

2）一个壁炉，在冬天可以一边烤火取暖，一边喝着红酒；

3）一个户外浴缸，深秋的夜晚，点支蜡烛，边上倒一杯红酒，泡一池热水消除白天花园劳作的辛苦；

4）一条天然块石叠砌的自然式溪流，一些水生植物，养几尾小鱼；

5）一个玻璃温室，不但给畏寒植物提供避寒的场所，在冬天，也可以坐在里面喝下午茶；

6）一块菜地，自己种植有机蔬菜，为餐桌添加健康新鲜的菜肴。

这几种元素都体现了一种亲近自然的生活方式，颇具小资情调。尽管壁炉和浴缸的使用率并不会很高，但其本身就是一种装饰、一种标志，诠释的是主人的生活态度。

接下来，就可以将这些元素整合在一起，并进行安排。既要方便实用，还要整体美观和谐。

3. 确定主要区域并定位

　　在每一份花园设计方案中，首先要做的就是确定主要区域的位置，通常可以将户外就餐区定位为主要区域。因为在花园里，人们坐在这里的时间会明显多于其他地方。可以尝试把这块区域设计成抬高的地台，将它与其他区域分别开来，立面上的高低错落会显得景色更生动。

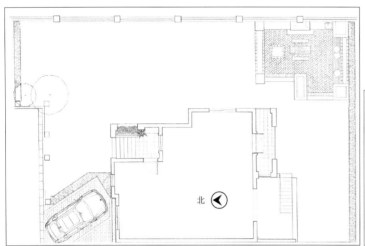

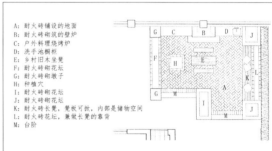

A: 耐火砖铺设的地面
B: 耐火砖砌筑的壁炉
C: 户外料理烧烤炉
D: 洗手池橱柜
E: 乡村旧木坐凳
F: 耐火砖砌花坛
G: 耐火砖砌墩子
H: 种植穴
I: 耐火砖砌花坛
J: 耐火砖砌花坛
K: 耐火砖长凳，凳板可掀，内部是储物空间
L: 耐火砖花坛，兼做长凳的靠背
M: 台阶

第三步，天蝎花园的就餐区域设计完成（东南角）。

花园就餐区域设剖面图。

4. 确定温室区域

对于爱园艺的庭院主人会特别希望有一个玻璃温室在庭院中，让冬季的花园还可以充满色彩。温室可以放置在稍微角落的地方。例如与邻居的隔墙位置附近，可刚好起到与邻居分隔的作用。

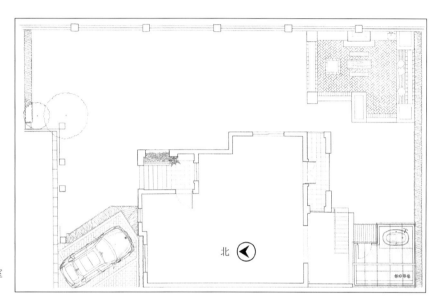

第四步，花园的玻璃温室区域确定（西南角）。

花园玻璃温室的剖面图。

玻璃温室所在的区域建造之前的实景。

5. 确定溪流的位置铺装

　　若想要庭院更加具有自然感，溪流是不可缺少的元素。无论是坐在就餐区，温室区还是室内，天然山石砌筑的自然式溪流都是视觉焦点。悦耳的流水声更会让自己觉得身处野外。

第五步，花园的溪流位置确定
（南面，就餐区和温室之间）。

花园溪流实景图。

第六步，花园的园路和铺装确定。

花园园路和铺装实景图。

6. 安排园路和铺装

完成了主要区域的布置后，接下来就要开始设计园路了。通过园路可以将花园中的各个景点串联起来，并导向室内和出入口。

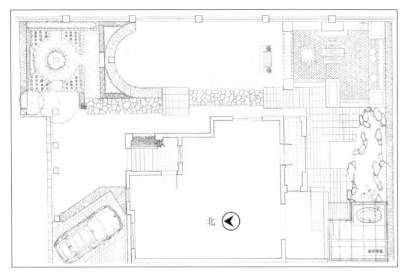

第七步，花园草坪区（东面正中）和菜地区域（东北角）确定。

7. 安排草坪和菜地

天蝎花园主人爱好高尔夫，希望在花园里有一片草坪，有个高尔夫练习球道。东面这块狭长的区域正好符合这个要求。我设计了一个半圆形的整形绿篱，树种选用花叶黄杨，在圆弧正中有个罗马柱，上面放置一尊欧式风格的雕塑——汉白玉的天使。圆弧绿篱也起到挡球的作用。在相反方向的南面，我设置了一小块耐火砖铺装，这里放置一个长椅，供花园主人休息看书。长椅的两旁各有一盆种在红陶盆里的观叶植物。

圆弧形绿篱向北，是两个低矮的 L 形整形绿篱，树种采用花叶六月雪，和整形绿篱围成花镜，花镜内种植月季或多年生草本花卉。六月雪树篱的正中放置一张青石的欧式长凳。这样就完成了圆弧到直线的过渡。整形绿篱一直到北面的邻居交界处是花园菜地，菜地内园路铺设砾石或者树皮，体现乡村风格。

一般来说，花园里的菜圃可以安排在花园里的边角空地处，面积不宜喧宾夺主。毕竟谁都不会指望在花园中种菜解决吃菜问题吧。

花园草坪实景。

花园草坪及菜地实景。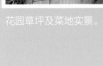

8. 门口区域的设计

门口位置是花园设计中的一处重点所在，因为这是给花园的第一印象，所以很重要。结合上面提到的花园要设计成法式田园风格，入门处的设计就要与整个花园设计相协调。

天蝎花园入口区，花园边界设计用天然的石块砌筑矮墙，矮墙的石缝内种入小卉、多肉及藤蔓，入口大门是一个攀爬藤月的拱门，并带有双开门。车位与花园的隔离是整形树篱，树种为丹桂。通向入室门厅是一条蜿蜒小路，天然石块或者耐火砖铺贴均可。这里朝北面，日照相对短，所以小路的两旁以玉簪为镶边植物，其他种植各类耐阴的香草。

这样的设计让实用性和美观性达到了和谐统一，给人以亲和、舒适感。

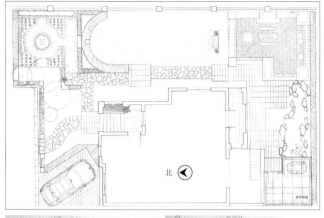

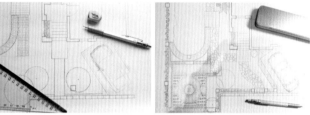

第八步，花园入口处设计确定（北面）。

花园北面实景图。

9. 最后进行植物配植设计

根据朝向、日照长短，以及硬铺装部分来进行植物配植。

尽量把植物安排在花园的四周，这样会显得花园的面积更大。有些设计师喜欢在花园中间安排植物，虽然那样的做法层次很丰富，但植株长大了会显得拥挤。

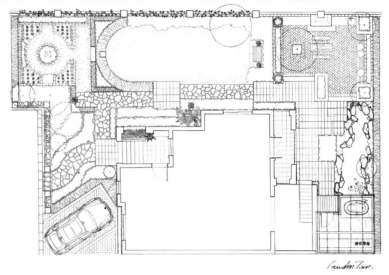

第九步，花园植物配置确定。

植物配植时，先安排乔木（相对来说是大树）的位置，乔木不要太多，同样还要考虑到长大成型后的效果。目前，大部分家庭花园的面积并不是很大，等到树荫庞大了，下面的植物就长不健康了。南方建议选开花或结果的小型乔木。开花类小乔木，像桂花、蜡梅、红玉兰是不错的选择；果树可以选择柠檬、柑橘、石榴、蓝莓等。

乔木下可以安排密植成片的花灌木，如杜鹃、茶梅、栀子花。也可以种植成片的草本花卉。混栽或纯色，成片地栽种都很漂亮。根据时令不同，栽种相应的花卉会令花园在变化中更加美丽。每天回家看着亲手栽培的花朵，让人愉悦和具有成就感，这也会使得自己为了养好花卉而去多多学习，使自己进步，你的花园也会变得越漂亮。

靠围墙栅栏安排藤本攀援植物，如月季、铁线莲、西潘莲等，靠建筑的墙角种植爬墙虎或者凌霄，整面的绿墙是很好的背景。

最后是铺草坪，草坪刚种好的初期会经常长出杂草，要及时拔除，不然等它的根系长旺盛了，除杂草的工作会变得很累人。

花园植物全部栽种好后，这个花园的建设基本完成了。但离花园成型还远远不够。接下来的工作是用花园小品装扮花园，摆放桌椅、花架等花园家具。

对于以上的内容做个小结：其实花园的设计和施工与室内装修很相像。先做硬装再做软装，最后装饰。

1、 首先确定主要区域，就餐区、地台、葡萄架，温室，溪流等位置；

2、 然后用园路将这些区域串联起来，并导向室内或入口大门；

以上两点好比是室内的硬装。

3、 安排花草树木，好比室内的软装；

4、 点缀装饰物，好比室内的装饰。

FIREPLACE, THE SYMBOL OF EUROPEAN STYLE

壁炉，欧式花园的格调符号

——以天蝎花园的壁炉为例，教您如何设计、制作壁炉　　文图 / 赵宏

在户外花园里，建造一个真正的柴火壁炉，可以在秋天的傍晚、寒冷的冬日、生火取暖、甚至可在壁炉内煮食。但也有人会提出意见，壁炉做在花园里，真正会去生火使用能有几天啊，而且现在柴薪也不是很好找。这个是事实，我不否认。但壁炉已经是一种文化、一种艺术，它代表了庭院主人的生活态度和思想。看到花园里的壁炉，我们的脑海中仿佛就会浮现花园主人与朋友围坐壁炉边上，一边欣赏花园的景致，一边喝酒聊天的画面，马上能感受到一种浓郁的异域风情。

所以，在花园里建造一个壁炉，哪怕它一次也没有使用过，仅仅是一件装饰品，也值得拥有。

欧式花园乡村风格的壁炉。（图片来自《Garden design》）

天蝎花园的壁炉实景图。

说起壁炉，大部分人想到的是室内客厅，一个欧式风格的大理石壁炉靠墙而建，在冬日的夜晚，与家人朋友围坐在壁炉边上，一边喝着热饮，一边欢快地聊天，看着壁炉内不停跳跃的火焰，享受着它所带来的温暖和温馨。但对于国内大多数住宅而言它往往只是一个冰冷的装饰元素。不过，没有关系，如果你想享受一下壁炉带来的温暖与浪漫的感觉，到花园里，和我一起建一个壁炉吧！

首先要选择位置

首先需要选择一个合适的位置来建造壁炉。尽量不要依靠建筑做壁炉，柴火的烟会将外墙熏黑。也不要在与邻居家的交界处做壁炉，除非征得邻居的同意。我在"天蝎花园"的案例中，将壁炉安排在了耐火砖地台上，因为这里本是户外就餐区，围墙的外面是街道。利用壁炉遮挡了原有的围墙水泥柱，壁炉的两旁是两面砖墙，可以用来挂装饰物，同时也遮挡了街道行人的视线。

天蝎花园的壁炉安排在临街围墙边的耐火砖地台上。

其次是设计款式

关于壁炉的样式，可以参考一些国外杂志，如 Garden Design，以及在网络搜索图片，关键词：Outdoor Fireplace。

普通款式的壁炉一般由三部分组成：底座、炉膛、烟囱。

底座高度一般 30~40 厘米，与我们坐在椅子上的高度差不多，可以较理想地接受火焰的热量。在很多案例中底座做得比炉体面积大，可以放置一些花园杂货来装点壁炉。炉膛及烟囱内部需采用耐火砖砌筑，壁炉的外观立面可以根据自己的喜好，做成砖砌、天然块石或文化石等。在炉门的上部安装一块厚重的实木或花岗岩搁板，放置盆栽和装饰物也相当漂亮。炉膛上部需要做烟囱排烟和散热，不然浓烟会从正面的炉门涌出来。

根据自己花园的风格来设计相应的壁炉款式。一般常见的款式有乡村风格、欧式风格及现代简约风格。

乡村风格的壁炉案例

（图片来自《Garden design》）

欧式风格的壁炉案例

（图片来自《Garden design》）

OVERHEAD

A husky arbor built from re-
cycled railroad timbers sets
the scale for a comfortable
outdoor living room that
accommodates a sociable
crowd. Built-in heaters word
off the evening chill and
allow the space to be used
late into the season.

FURNITURE

The elegant suite of sofa
and chairs, in pitted nickel
by Michael Taylor Designs,
was chosen to harmonize
with some of the interior
furnishings. Cushion fabric
in Latte by Giati Designs.
An outooor rug, by Ballard
Designs, is soft underfoot.

FIREPLACE

This baronial-scale gas
fireplace in carved stone,
framed by a stucco wall,
will warm a crowd on those
notoriously chilly Bay Area
summer nights. Designed by
Amy Fischer of Owen Signa-
ture Homes; carved
by Stone Creations.

PLANTS

Wide-spreading branches
and massive trunks of valley
oak (*Quercus lobata*) make a
noble backdrop for the new
garden, as well as providing
dappled shade. Climbing
roses will eventually scale
the columns to make a fra-
grant canopy over the arbor.

现代简约风格的壁炉案例

（图片来自《Garden design》）

具体的制作方法

　　制作方法也以天蝎花园的壁炉为例。壁炉整体均采用耐火砖砌筑，炉体的盖板采用整块的厚花岗岩。

01 First

砌筑底座，本案由于高度限制，总高不可高于围墙立柱，所以降低底座，高约15厘米。

02 Second

砌筑炉体，半砖砌法，后部立柱用耐火砖遮盖。

03 Third

制作门洞半圆模板，采用木工板与木档制作。

04 Forth

半圆门洞砌砖。

05 Fifth

炉膛部分砌砖完成。

06 Sixth

花岗岩炉膛盖板。

注意：在砌砖过程中，当水泥为完全干透时，用8厘圆钢压缝（勾缝），并及时清洗留着耐火砖上的水泥砂浆。

07 Seventh

在盖板上砌筑烟囱。

08 Eighth

安装烟囱盖板，完成。

壁炉尺寸参考。

HOW TO MAKE GARDEN BATHING POOL

来个浴池，随时享受花园spa

——天蝎花园的浴池设计与制作　　文图／赵宏

花园的气氛似乎总逃不过慵懒，在户外建一个浴池，辅以修剪整齐的绿植，在浴池里享受冲浪的感觉，睡个午觉，或晒晒太阳，都是极好的放松身心的方式。

天蝎花园的浴池位于一个开放式花房内，整个池体由砖砌成，内外贴上马赛克，以防腐木盖边，浴池的旁边是贯穿南花园的一条小溪。闲暇时候，半躺在浴池内，拿上爱看的杂志，喝着浓郁的花茶；亦或闭上眼睛，聆听潺潺的溪流声，品味花园精灵们带来的香氛，让心灵来一次净化。

花园浴池的建造过程

01 First

按照设计在花房中留出浴池的位置，花房的地面基础比花园的最终基础高15厘米，形成一个台阶。

02 Second

浴池的三边以耐火砖砌筑，施工前先铺设冷热水管道。

03 Third

在浴池底部和四周放置单层钢筋，制模后使用混凝土灌注，硬化保养结束后做两次防水。

04 Forth

在浴池内壁、底部和外部贴上马赛克，可以采用不同色系的马赛克以区分内外，贴完后根据浴池上部尺寸制作一块防腐木用来盖边，靠栅栏的盖边稍宽，便于安装水龙头。

天蝎花园的浴池。

DESIGN AND MAKE
GARDEN HOUSE

花儿避寒、纳凉需要有花房

——天蝎花园花房的设计与制作　文图 / 赵宏

刚开始设计的是玻璃房，无奈物业不允，最后花房改成了巴洛克四角凉亭的样子。

　　花房是供花儿冬天避寒、夏天纳凉的庇所。除了某些四季如春的南方城市，我们所在的大部分城市都有必要建立一个花房。

　　花房的设计既要考虑保暖，也要考虑通风方便，还不能过于阴蔽。除此之外，花房还应该设计一些休闲的空间。

　　天蝎花园的花房经过了几次设计。刚开始理想的状态是设计一个玻璃花房。无奈物业不允，最后改成了巴洛克四角凉亭的格调。

天蝎花园花房实景。花房里面摆满了肉肉。

花房边上是花园的栅栏，设计成工具收纳和挂装饰物的立面空间，还可以供攀援植物攀爬。

天蝎花园的花房位于南面花园的西侧，原先的设计是建一个封闭式玻璃花房，无奈城管与物业的干涉，所以就在原设计的位置上用耐火砖砌了三面大概 1 米高的矮墙，立了四根水泥柱，搭建了巴洛克四角凉亭，既美观又能遮阴，却也别有一番风情。

因为不能砌墙面，在花房的西面和南面就安装了白色的栅栏，映衬着耐火砖矮墙，这些栅栏可以遮蔽邻居的视线，营造了花园的私密感，让我们可以安静自在地悠游在花园里。

花房的主要摆设物有旧木架、铁皮桌、种植操作台、沤肥桶、蚯蚓养殖箱，等等。中间则是一套白色的铁艺桌椅。

花房的植物以多肉为主，西面的铁皮桌和北面的矮墙上，满满的都是大大小小的盆栽或组合的多肉植物，搭配常春藤、绿萝、络石藤。

种植多肉植物的专用工作台，凹陷的设计，土和介质不易散落出来。旁边则是沤肥桶。

花房空间的规划

西面摆放的一张铁皮长桌，放大了花房的视觉空间感，既可做观赏陈列之用，也是便利的工作台。中间的铁艺桌是花园休憩时的餐桌。

靠着花房南面栅栏的铁皮种植桌，方形内陷，是种植多肉植物的专用工作台，因为有了边沿设计，种植用的土和介质才不会四处乱散。挨着铁皮桌的是高大的沤肥桶，材质结实，使用方便，日常厨余垃圾通过分类处理全部变成了花花草草的肥料。还有养殖箱里的蚯蚓君享受着水果渣和咖啡渣等美味食品积极地生产最肥沃最环保的有机肥。

花房进口处地面处理和周边收尾装饰

花房进口处地面用鹅卵石固定铺法，这样的点缀，既实用又使地面有了一丝亮点，闲暇时还能享受足底按摩。花房的侧面与地下室立面衔接处做了简单处理，以耐火砖铺面做了一个条形台阶，选择了多种植物栽种，增加了花房的缤纷多彩。

多用途的立面设计

花房两面的栅栏除了提供植物攀爬，更是各种各样的装饰挂件和工具收纳的立面空间，上面的小物件都有各自的用处。

杂货盆器和花园所需的工具，都是花房的点睛饰品，这些物件不仅具备它们本身的功能，而且还兼具观赏效果，真是一举两得。另外，由于凉亭的构架可以提供悬挂的功能，钩挂都很方便，所以沿着花房的顶部四周，错落有致地挂着一串串铁艺风铃，微风徐徐，铃儿叮当。间距着又悬挂了精美的铁艺花盆，一盆盆绿植，为花房增添了许多绿意。

花房进门口右边的砖台上，也是多肉和其他饰品。

花房进口处地面用鹅卵石固定铺装，既美观，还能提供足底按摩。

HOW TO DESIGN AND MAKE NATURAL STREAMS

灵动庭园的点睛之笔

——以天蝎花园溪流为例，教您如何设计制作花园溪流

文图 / 赵宏

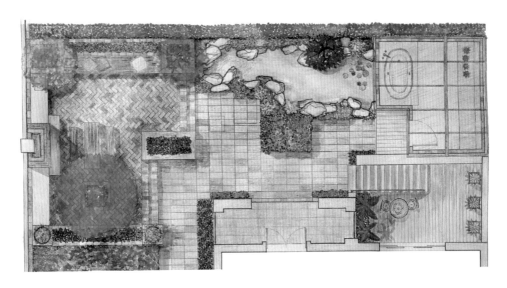

天蝎花园的溪流实景图与设计图

自然界中，山若想有灵气，水是必不可少的要素之一，湖泊、溪流能为山景增添一份动感，一份柔和之气。我们在设计花园时，如有条件，一定要在其中为水景留出空间，目的就是让花园增添自然动感之美。

在设计花园时，我喜欢用自然式的溪流来做花园水景。

溪流在中式、日式、欧式、田园等风格的花园中里都能搭配进去，狭长或者小面积的花园，溪流比水池更好安排，溪流一般窄小，占用的面积比水池小得多。相对于水池，深度会浅一些，而且节约用水。

溪流还可以起到区域连接、过渡的作用。比如，面积大的花园各个区域可以利用溪流将这些区域串联起来，顺着水流方向引导我们观赏花园，甚至可以做到步移景异。

模仿大自然所做的溪流，可以分成几级落差跌水，相对应地势起伏，在空间上更有层次感，更漂亮。大自然中的溪流，其两旁植被具有多样性，有乔木、灌木、藤本、水生植物等，花园中的溪流可以模仿，选择植物进行搭配，水中再饲养几尾小鱼，将花园溪流变得充满野趣和灵性。

然而想要把溪流做得灵动自然，却并非易事。中国古代造园和盆景艺术推崇"虽由人作，宛若天开"，即虽是人工所做，看去却像是大自然中的景色，并能做到"以小见大"。其所用的最佳方法就是"师法自然"，向大自然学习，模仿自然的景色来做。

所以想做好溪流，要学会多观察大自然。我喜爱摄影，特别喜爱拍摄水景，只要一有空闲，经常会带上相机到山里找一条溪涧，一拍就是半天，独自享受那份安静和清新的空气，同时也学习大自然中溪涧的形态、岩石的布局。

除了观察大自然的溪流，我们还可以通过书籍或网络，学习国内外的一些优秀案例。例如，海伦·纳什、爱门·黑夫 编著的《庭院水景设计与建造》（美）、戴维·斯蒂文斯编著的《花园水景》（英）是我最早学习的两本书籍。书中介绍了很多自然式溪流的制作方法，更有很多富有创意的水景小品。

溪流的设计

当我们对花园中的溪流有了初步概念后，就需要设计一份图纸，确定溪流在花园的什么位置，做成什么形状，做多大、多长？绘制一份平面图，建议也按 **1：50** 比例尺绘制，通过平面图，我们可以比较直观地判断出设计的溪流形状体量和整个花园是否和谐。

关于溪流平面图的绘制

第一步，先画两条曲线

画的两条曲线不可太过平行，因为自然界的溪流有宽有窄，靠近源头的河道越窄，越到下游河道宽。两条曲线走势蜿蜒，力求自然。简单的可以画成不规整的"S"形或"几"字形，但不可太工整，不可机械式。

较长的溪流，整个趋势可以放缓，不要转弯太多，不然会显得细碎，更不要波浪形的机械式重复。

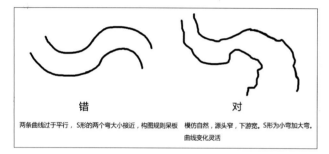

错　　　　　　　　　　**对**

两条曲线过于平行，S形的两个弯大小接近，构图规则呆板　　横仿自然，源头窄，下游宽。S形为小弯加大弯。曲线变化灵活

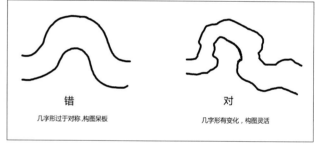

错　　　　　　　　　　**对**

几字形过于对称,构图呆板　　　　几字形有变化,构图灵活

第二步，沿曲线画石头

接下来沿着曲线画驳岸石。先用 **1.0** 粗铅笔条画好石头轮廓，轮廓线条尽量自然。在轮廓内用细铅笔画石头棱角线，再像素描一样在边缘区域，淡淡地画一部分阴影。这样画出来的石头具有质感和立体感。

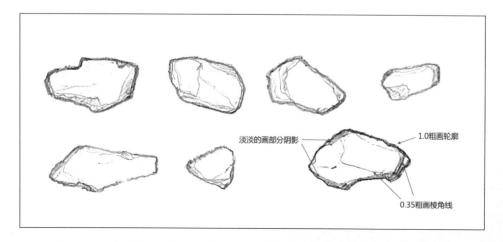

淡淡的画部分阴影　　　1.0粗画轮廓

0.35粗画棱角线

必须牢记 驳岸石头的排列和摆放方法

1 石块大小切不可均匀，这是在绘制和施工时都需要注意的问题。应该大小相间，不是机械式的大小重复。

2 不要像排队一样整齐排列，这给人看起来会像一排牙齿。石头应该有进有出。

3 并不是每块石头的形状都需要完整的画出来，驳岸石头的叠放是有高有低，有露有藏的。叠在上部的石头一般块头较大，反而底部是较小的石头。

4 画溪流驳岸时，也可以留几段空白，不要全部都画出来。空白处今后用于画植物，现实中也是这样，总会有植物枝叶从石块之间延伸到水面。

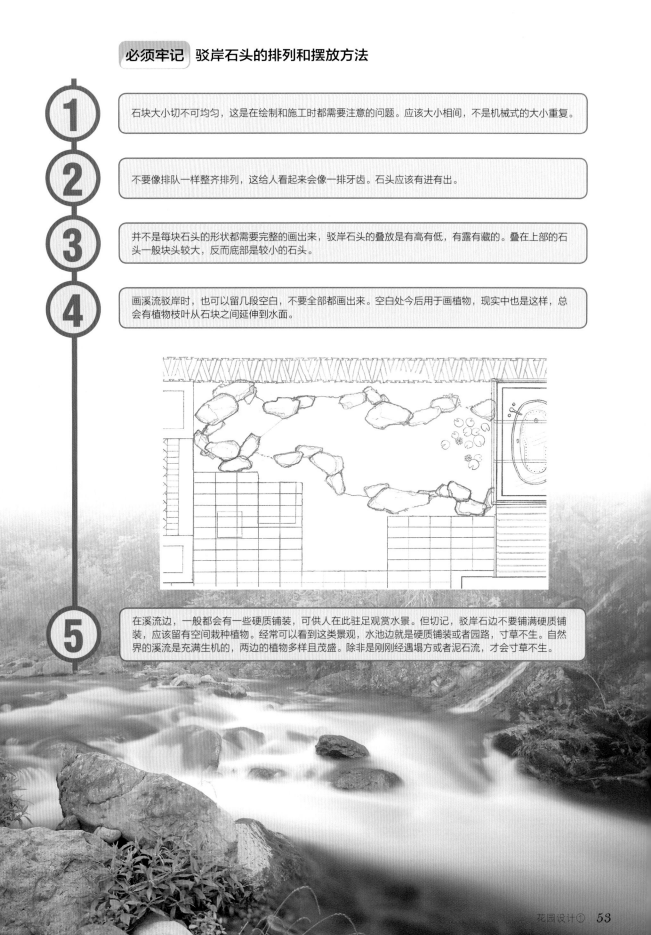

5 在溪流边，一般都会有一些硬质铺装，可供人在此驻足观赏水景。但切记，驳岸石边不要铺满硬质铺装，应该留有空间栽种植物。经常可以看到这类景观，水池边就是硬质铺装或者园路，寸草不生。自然界的溪流是充满生机的，两边的植物多样且茂盛。除非是刚刚经遇塌方或者泥石流，才会寸草不生。

溪流水池的施工 （以天蝎花园为例）

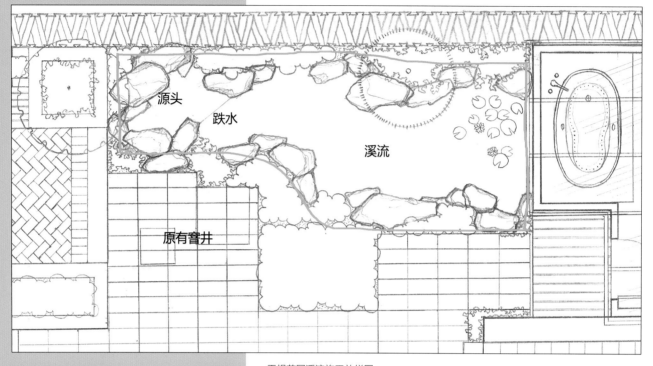

天蝎花园溪流施工放样图。

施工前

挖土方

01 First 坐标法放样

溪流的平面设计图完成后，接下来根据图纸在现场放样。这个放样是为了挖水池，是大致形状，不需和图纸一样的精细曲线，但要比图纸上的范围大。

采用坐标法放样，取图纸的几个点，到东西或南北两面墙的距离，换算成实际尺寸，1：50 的比例尺，2 厘米代表 1 米，现场用石灰撒几个点，最后连线。

02 Second 挖土方

如果水池计划水位是 80 厘米，钢筋混泥土现浇层厚 10 厘米，浆砌块石混凝土基础 15～20 厘米，所以需挖 110 厘米深度。

03 Third 素土夯实

利用夯土机或者人工捶打，将池底的土层进行夯实。

04 Forth 浆砌块石基础层

采用质地坚硬，无风化的岩石，先在水池底部铺混凝土，放入岩石，石块之间的缝隙用混凝土塞填并捣固。最后再铺盖混凝土，并用平板式混凝土振动器夯实。

这个基础层今后对于承载水池的水体重量及驳岸岩石的重量起到很大作用，可防止因池底水泥层过薄，底部水土流失等因素造成的水池拉裂。

05 Fifth 钢筋混凝土现浇池底

如果整个水池都能现浇是最好。可以采用砖墙做池壁。但池底必须现浇，而且是池底加四周一截（高 10 厘米）池壁 起现浇。

采用 4 厘钢筋，钢筋横向纵向 15 厘米 ×15 厘米的方格均匀排列。交叉点用细铁丝扎紧。每根钢筋的两头均直角折弯 7~10 厘米，也就是说每一根钢筋都是 U 字形的。折弯的钢筋头朝上，再扎一圈横筋。混凝土现浇好后，截面看也是 U 字形的。

一般水池漏水经常是底部四周一圈，就是池底与池边的交界处，所以要一小截池壁和池底一起现浇。

06 Sixth 砖砌池壁

在现浇好的一小截池壁上砌半砖墙（池壁）。

砌一段池壁后，需将池壁外立面也抹灰（水泥砂浆），并将挖水池的土回填。如果 80 厘米高的池壁都砌完再去抹外立面会比较困难。

07 Seventh 池壁粉刷

水泥砂浆粉刷池壁和池底，第一遍粉刷是砖墙找平作用，待干后，泼洒纯水泥调的浆水，再粉刷一次水泥砂浆，这叫套浆粉刷两遍，最后抹光。

粉刷层干后，接下来几天要经常洒水保养。

在池壁粉刷过程中也可加入墙面防裂网（网格布）加固粉刷层。

08 Eighth 做防水保护

可以采用 SBS 防水卷材做防水层。水池小也可以采用防水涂料 JS 涂刷两遍。防水层做好后，外部再粉刷水泥砂浆层。水泥干后继续做保养。之后水池蓄水，等候驳岸施工，水池蓄水后可抵消周围地面对水池的压力。

池子做好后做防水保护。

溪流驳岸的施工

01 First　准备材料

凑巧附近旧村改造，买来一批墙基天然块石，类似野山石。正好可以用来做自然式风格的溪流驳岸。

用于叠驳岸的石材最好是有大有小。

自然式溪流适用的假山石除了野山石，还有黄石、千层石等。有些人喜欢用大块的溪卵石，不过圆滑的卵石不容易叠砌，叠好后石块间的孔隙过大。大卵石适合做浅滩，大小规格不同，散布自然。如果是中式溪流可以使用太湖石、灵璧石或英德石等。

准备各种天然石块

02 Second　叠石

叠石或叠假山，石头与石头是靠叠的，而不是粘假山或者砌假山。石块形状经常是不规则的，底部和表面并非像砖块一样平整，那要怎样来叠呢？通常来说，石块摆放时大而平的面朝上，顶面要保持水平，好看的面朝外。底下的空缺或上下石块之间的空缺要塞入楔形小石块，并用榔头木柄敲打塞紧。叠好后的石块人站在上面摇动是纹丝不动的。然后才在石块与池壁的空隙，以及石块之间的内部空隙填入混凝土砂浆，并捣固混凝土。

很多人以为做驳岸石就是做池边岸上一圈，也经常能看到这样的案例。所有的石块都在池壁顶面，石块底部看上去是一条水平线，因此，蓄水后水位和石块底部之间就是平行的水泥池壁，效果不理想。

驳岸的叠石要从池底开始做。

一般叠石分为三部分：拉底、中层，收顶。

拉底石：要挑选体量稍大，坚固无裂痕的石块。形状较差，表面有创伤的石块也可做拉底石。安放时，石块之间要搭接紧密。石块顶面找平，底下塞垫平稳。先安放底部一排，排列后，整体看去的效果是一气呵成的不规则曲线，石块之间有连贯性。个别地方也有进出排列，带点变化。之后在缝隙内塞填混凝土并捣固。先做好底部一排再依次做上面第二排的石块。施工中黏在石块上的水泥要及时清洗，用水和清洁球刷洗。若等水泥干后，清洗会非常困难。

我首先做溪流跌水处的坝身，此处为下部水池与上部源头的交界处，承上启下。此处做好后对之后的叠石会好处理的多。

顶部的流水石凌空挑向水中，形成一级跌水。

池底和池壁也得叠石。

中层用石：小块、长条状的石块用于池壁中层。尽量做薄，少占用水体空间。堆叠时分层进行，用石要掌握重心。色泽质地尽量一致，咬茬合缝，紧靠牢固，浑然一体。又要注意层次、进退、变化。有些石块为了利于摆放，可以用榔头和铁凿轻微加工石块，而露出的表面不可破坏。若有凌空挑出的石块，底下需塞垫牢固，上部加重石压固。

收顶用石：尽量挑选形状面相完好，体量稍大的石块。摆放的位置均经过反复推敲。顶部石块摆放力求自然，高低错落，进出有致。

放置池壁砖墙顶部石块时，有时石块一半在砖墙一半在后面的泥土上，重心在泥土上时，必须挖部分泥土，做浆砌块石基础，浇混凝土和砖墙顶面相平。再放石块。

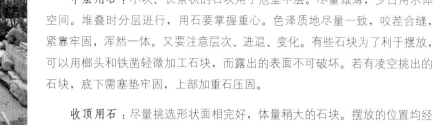

池岸个别位置为了溪流驳岸造型需要，可用铁凿榔头将池壁顶部敲破。需放置石块的地方要做好水泥基础。摆放好石头后，周边缝隙用堵漏水泥塞填。在蓄水后还需测试检查是否漏水。

完成下部水池后，就可以开始做溪流源头部分，这是整条溪流的焦点，所以也是最难做的部分。剩下的石材已不多，要利用有限的几块石材叠砌溪流源头，聊聊数笔，感觉就像写意国画。虽然在选石过程中，已为源头留几块合适的石材。差不多每摆放一块石头都要上下四周比划一次，中间还会调用不同的石头，经过推敲，选择最合适的那块。

利用一块倾斜的石块作为受水石。常规来说，大石块的顶面要水平放置，但山野的溪涧源头很多石块是倾斜，稍带凌乱感。

倾斜石块底部四周塞填堵漏水泥，后部的地面做浆砌块石。从此处开始再往上做已超出水池范围，所以石块之间的防漏要做好，需要将全部的水都引入溪流。石块之间塞填堵漏水泥和水泥砂浆。

自来水阀门在设计时就已安排在溪流源头附近，将水管接到出水口处。垂直管的高度根据石块需要来定位，再安装弯头折出。

横管的长度也是根据石块需要而做，并装一个向下的弯头。

源头的石块叠好后出水管是隐藏的。利用两块厚度长度，颜色质感类似的石块，将水管夹在当中。石块顶部的缝隙今后栽种藤蔓植物来掩饰人工的痕迹。

03 Third 勾缝

溪流的叠石基本完成，但整条溪流石块间的缝隙明显，看去细碎凌乱。接下来的工作是勾缝。用水和清洁球将全部的石块冲洗一遍，石块上的残留水泥和泥土均洗干净。然后往石缝内塞填水泥砂浆，用油漆刷的软毛部分将砂浆捅实，再用另一把蘸水的油漆刷沿着水泥缝拖拉一遍。勾缝的水泥不可太满，做好后是一条内圆弧的凹槽。完成勾缝后的驳岸石块看去整体性好了很多。勾缝时粘在石块上的水泥也要及时清洗。

溪流植物的配植

岸边配置观花类和藤蔓类植物。

光秃秃的溪流驳岸，看去都是岩石会显得毫无生气。我们需要模仿自然界溪流的植被面貌，在岸边、水中、石块的缝隙内栽种植物，让溪流充满生机和灵性。植物也可以使岩石叠砌的驳岸边缘显得柔和，遮盖一些人工痕迹。

水中：种植水生植物，可先种于花盆，最好是重量稍重的陶盆或瓷盆，底部是否有孔均可。泥土最好采用肥沃的塘泥。栽种好后，盆面放置卵石，可防止小鱼钻入。然后连盆放入水中。

水生植物品种参考：菖蒲、睡莲、碗莲、茨菇、水生鸢尾、大藻、水葫芦、芦苇等，很多可以水培的观叶植物也可放入水中。

池底配置水生植物。   岸边配置的藤蔓类植物。

　　岸边：建议选择开花类和藤蔓类的植物为主。在栽种时将植株稍稍朝向溪流水面，模仿自然界的植物形态。土壤需要疏松肥沃，排水良好。

　　岸边植物品种参考：鸢尾、耧斗菜、玉簪、玛格丽特、绣球、三色堇、杜鹃、茶梅、栀子花等，大部分花灌木，草花种在水边都漂亮。观叶类的推荐常春藤、花叶络石、虎耳草、花叶芦竹等。

　　石缝：石缝内用疏松肥沃的土壤，适宜栽植藤蔓类植物，如花叶络石、常春藤等，多肉植物种在石缝中也很出效果。

石缝中栽植藤蔓类植物，多肉植物也是很好的选择。

　　植物是可以更换的，所以经过一段时间的养护就能看出，哪些植物适合在花园环境生长，淘汰那些长势差的品种。花园的植物景观也并非一成不变，可以根据季节更换时令花卉植物，当然花园主人也可以选择自己钟爱的品种。所以，花园可以因植物而不断变化，不断更新。

DELICACY IN THE GARDEN

天蝎花园之花园美食

文图 / 天蝎花园主人

闲散的午后，悠悠的海风吹来一丝凉意，和我们一起来享受香草花园带来的幸福美味吧！天蝎花园里种植的食用香草有迷迭香、薄荷、百里香、天竺葵、紫苏、肉桂等，这些香草食材都是西式料理中重要的调味，不仅可以去腥、提味，更带给感官上轻松健康的享受。

迷迭香香料烤羊排

材料:羊排,迷迭香叶少许,蒜头,酱油 1 杯,冰糖水 1/3 杯,黑胡椒颗粒少许,冷开水 1 杯。

做法

1. 调制酱料,酱油、冷开水、冰糖水混合均匀,再加入切碎的蒜头一起浸泡。
2. 将洗净的羊排加入迷迭香叶、黑胡椒颗粒及调制的酱料一起按摩。
3. 将按摩好的羊排一块块铺好,放入冰箱中腌渍并保鲜 1 ~ 2 小时。
4. 烧烤至外皮金黄色上盘。香草与肉类完美融合,羊排外酥内嫩,鲜香无比。

迷迭香烤鱼

材料：新鲜的迷迭香、鲫鱼、山胡椒、粗盐。

 做法

1. 鲫鱼洗净后，两面涂抹上薄薄的粗盐和迷迭香，略按摩后约腌渍 15 分钟后洗去。

2. 鲫鱼的两面切斜刀痕，在鱼肚及刀痕处塞入迷迭香，并撒上少许山胡椒，冰箱中保鲜腌渍约 3 小时。

3. 锡纸上铺上一层新鲜的迷迭香，再放上腌好的鱼烤熟。

图：单纯天然的调味，即可烤制出鱼肉本身的鲜甜滋味。

薄荷培根黄瓜卷

材料：新鲜薄荷叶、培根、水果黄瓜、牙签。

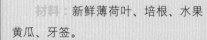

 做法

1. 将薄荷叶洗净，一片片摘下备用，将黄瓜去皮切成细条状（约 0.5cm）。

2. 将培根切半煎熟，放上适量黄瓜条卷起，最后接合处放上薄荷叶，以牙签固定。喜欢薄荷香气的朋友可以多放两片。

薄荷的清凉味解培根的油腻感，令人口齿留香。

美味的香草料理再搭配清新香草茶饮，花园香草美食就是这么简单健康。

MAKE YOUR OWN
GARDEN CHAIR
买不到合意的，就DIY吧
——自己来做花园椅

文／图／快乐农妇

　　椅子在花园里不仅仅是可以用来休息的工具，更是花园里的园艺小品之一，而且是起画龙点睛作用的重要小品。在花园的合适位置放一把或大或小的椅子，花园顿时就能鲜活起来。但要买到一把合适的花园椅还真不是件容易的事。于是，买不到合适的，就DIY吧。

这把我家小木匠 DIY 的花园椅，用料很大，又是卯榫结构，所以很结实。

01 选式样

网络上海量的花园图片里有很多可以参考的花园椅式样。估算一下每一个部位的尺寸，我家的花园椅长 150 厘米，高 94 厘米，宽 64 厘米。

02 备料、下料

按照定下的尺寸逐一下料。木材市场上有 5 厘米厚双面光的指接板和直拼板，买来后直接裁好或者在木材市场让人预先裁好即可，有锯口的地方要过一下刨子才光滑。工具不全者建议买此料。小木匠用的是他以前买的樟子松原木板材，每一块板子都需要四面刨光，很费功夫。主要部位尺寸如下：扶手、前立柱、前后立柱连结撑等尺寸为 5 厘米 (厚)×8 厘米 (宽)，座位的横橙和靠背的竖橙为 3 厘米 ×6 厘米，最大最高的两个后立柱为 8 厘米 ×8 厘米，靠背大立柱约 10° 角斜切。

开榫

开榫前要确定一下各部位榫的大小、长短和位置，有榫接的地方按尺寸分别开好榫卯。小木匠是开榫机、电锯、手工凿混用。没有开榫机可以沿用老木工的手工凿开榫、凿卯，更有味道，可以充分享受 DIY 的乐趣。

拼装

　　榫接的地方抹少许木工胶，使榫卯接合更牢固，有的部位必要的话打入木楔更结实。樟子松断面比较粗糙，为了美观，小木匠开的榫多数是没有出头的暗榫（榫不穿透木头），只有在椅子立柱的侧面为了更牢固使用了透榫（榫穿透木头）。

修边打磨

修边是用雕刻机上圆角刀完成的，没有雕刻机的话用木锉或粗砂纸把锋利的棱角打磨光滑圆润即可。打磨没什么技术含量，也不需要什么设备，但比较费工夫。一般先用粗砂纸打磨、再用细砂纸打磨，打磨时最好顺着木头的纹路。

上漆

户外木蜡油最适合涂刷在室外木工家具上，但我家正好有做橱柜剩下的白漆不用扔掉很可惜。建议大家在做户外家具的时候用木蜡油涂擦或传统的桐油涂刷，可以防腐防晒，延长使用时间。漆共刷了6遍，3遍底漆，3遍面漆（其实各两遍效果就很好了），每遍漆之间待漆干后用320号以上的细砂纸顺着木纹轻摩后再刷下一遍。

做此花园椅用到的主要工具有：电圆锯、台锯、压刨、平刨、开榫机、电木铣（雕刻机）、手工凿、锤子等。如果工具不全，只要备齐一只电刨或手工刨、一只电圆锯或手工锯、几把凿子和一个锤子等主要工具即可制作，早期我家做的餐桌椅就是用这些工具做的，只是效率较低。

MINI IRON GARDEN CHAIR DIY

花园饰品

——迷你花园椅DIY

文图 / 嘉和

需要说明的是，这个花园椅纯粹是装饰品。它可以配在盆栽植物的旁边，也可以是卡通娃娃的座椅……因为它，花园而变得需有童话气息。

材料

　　主体框架是 3.5 毫米的包塑铁丝，缠绕的蕾丝花边是 0.55 毫米的园艺扎带，其图案是 1.5 毫米的包塑铁丝或铝线。

制作程序

（1）先做主体框架，椅腿，椅背，扶手等。
　　最好一根线做完，但是我买的粗线只有 2 米长，不够，所以有 2 个椅子腿是拼接的，拼接也要注意合拢处多留些长度做交叉，增加牢固度。这里要注意的就是整个椅子的比例要观察，4 条腿要等高等弧，避免返工多次折弯，致使线条不流畅。

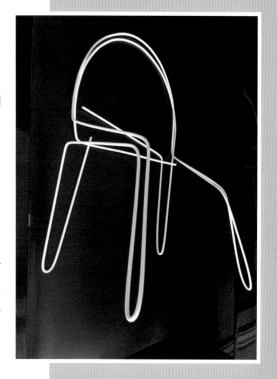

（2）做椅背内圈以及扶手的装饰花边。
　　先用尖嘴钳把铝线或圆扎带弯出 3/4 圆，然后套在 1.5 毫米的包塑铁丝上，开始缠绕，注意要间隔紧密均匀，并在绕一定圈数后借助铅笔做个小圆圈，再继续缠绕。记住间隔的圈数要固定，间隔太远没有花边效果，太近会增加制作难度。绕圈和小圆圈部分做完后，用一根同样粗细和材质的线把外缘连接起来，这样，蕾丝花边的效果就出来啦！是不是很可爱啊。

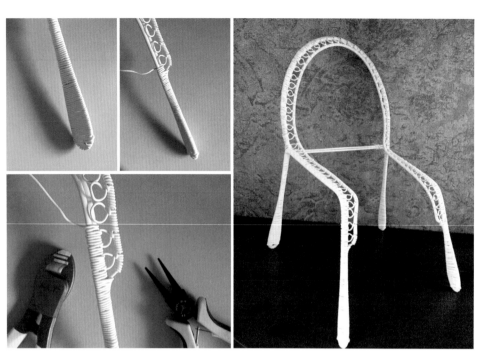

（3）装饰椅腿。

先在椅子腿的最底部大约1厘米的位置绕好U形部位，把2个线头藏入腿脚，然后开始缠绕椅腿，并在接近扶手处将椅背内圈装饰花边和椅子连接起来，这里要注意的依然是密度均匀，一气呵成。

（4）做椅背主题图案。

白色显得清新优雅，所以选了莲花图案，椅座和扶手围栏的波纹则与之相呼应。需要特别注意的是椅背图案大小要和椅子靠背的内圈相配，才能做到天椅无缝。

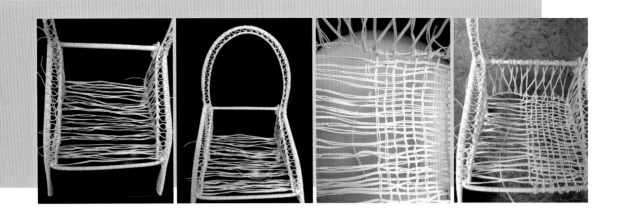

（5）做椅子扶手围栏装饰和椅子底部。

　　这里都用的最细的扎带，太长不易穿越，可以截断成 70 ~ 80 厘米的一节，便于来回穿越编织，需要的只是耐心！耐心！至于是否均与对称都可以忽略，越自然越好。依然要注意接头藏在背后不显眼的位置。

　　（6）将椅背主题图案与椅子背圈连接，用细铝线或细扎带连接，必须注意接头要藏在背后，这是最打眼的部位。

　　好啦！一把美美的花园椅就诞生啦！你可以栽上喜欢的小多肉，也可以剪几朵时令的花朵做花插，无论放在花园还是阳台，抑或你的办公桌上，都会是最靓丽的一道风景。

ROCK GARDEN

以"石"为题，
设计一座情趣花园

——上海上房梦花源岩石花园的设计　　文图 / 玛格丽特　　设计 / 上房园艺

造石花园实景和设计图。

石头一直是中国传统园林中很重要的一个造景元素，它体现了中国园林独特的山水自然情趣，也营造出了"境生于象外"的深远意境。而在现代景观中，石头的造景又生发出了更多的表达和内容。

这个由上房园艺景观团队打造的特色岩石花园把岩石与灌木、高山、多浆植物等巧妙地搭配，营造了新颖而别致的岩石景观，别有趣味，不禁让人眼前一亮。

磨盘是南北西边花园都用山石素材，呼应统一。这是北边崂山岩石花园里用石磨铺设的汀步。

北边的高山岩石园正面的石阶，用大石块堆砌而成。植物以耐旱的松柏类为主。

观景台的后面的小路用青灰色的石板铺成，沙石的缝隙种着红景天以及垂盆草等植物，与南边的花园植物相呼应。

岩石花园位于上海上房梦花源内，面积约 300 平方米。北面是以松柏类及彩叶灌木为主的高山岩石园，南面则是沙生多浆植物及低矮宿根花卉为主的干旱沙地园，中间由一条 5 米宽的园路连接，主要以大小的石材搭配废弃枕木而铺设。

北边高山岩石园

这是一个由很多不规则石块堆砌而成的地形起伏的高山岩石园。设计肌理来源于自然高山地形和植物景观。有两条小路拾级而上。正面用较为平整的大石块堆出一条台阶，两边石头的缝隙中种上了十大功劳、火焰南天竹、搭配松柏类的皮球柏、蓝剑柏等，台阶之间的石缝中还种了黄金佛甲草，在黄褐色的石块衬托下色彩更为鲜艳。台阶的顶上则是

北面花园的植物有十大功劳，松柏类等耐旱的植物，间或搭配些许多肉植物，与南边呼应。

北面花园背后的石径下面，
是石磨盘铺设的小路。

一个圆形的光景平台，亦有石桌石椅可以用来休憩。这里也是全园的最高点，
不仅可以360°地欣赏全园景观，也为其边上的叠水提供了高差。

　　观景台的后面另有一条小路可以走下，用的则是青灰色的石板，台阶连
接处还有一小条沙石缝隙，种着胭脂红景天和金色的垂盆草，和南面的沙地
园相呼应。台阶到底，还有一条石磨盘铺设的小路。镶嵌在金色的小石子沙
地上。路边则有种了日本五针松、扁柏、铺地蓝刺柏等耐旱的松柏类植物。
靠近园路的位置，还有几个种了宝石花、紫玄月等多肉植物的石臼和石槽，
向南面的岩石沙地园自然地过渡。

南边岩石沙地园

南部景观则模拟干旱沙地景观，体现沙生多浆植物及低矮宿根花卉顽强的生命力。包含了沙积石堆砌的矮型种植床、石墙缝隙、石槽、枯树和钢结构立体墙面等。通过多种种植手法，巧妙结合火山岩，布置大量多肉多浆类观叶植物以及宿根花卉，如景天多肉类、龙舌兰多浆类、仙人掌类、番杏科和菊科多肉类及川续断、海石竹等高地花卉植物，体现沙地植物与岩石伴生的特点。两边的砾石花床围合的是一个下沉空间，这里借鉴了墨尔本伯恩利屋顶花园的处理手法，使用可活动金属网片支撑，并在下面种植了矮小或垫状的草本，如燕麦草、委陵菜、艾伦银香菊等。将植物种在了脚下，既不影响植物的观赏性，又能保证其正常生长，极具趣味。这里也是全园的最低处，可以仰视对面的山地景观，使其更显高大，也可近距离观察抬高的花床上所种植的植物，把玩上面铺设的砾石，通过视觉和触觉来感受沙地风情。

南边的花园主要模拟干旱沙地景观。

花园正中是一条织补的园路，将南北被分割的花园连系在一起。

织补园路的地面铺设成行云流水的景观，并镶嵌已废气的枕木，美观有特色，还可夯实石块。

织补园路

　　花园的中间是一条织补的园路，地面的处理极为巧妙，大小石块铺设成行云流水的景观，并镶嵌有已废弃的枕木，这样不仅增添了景观效果，同时对石材起到了夯实的作用，防止人车经过时石块翻起和移动。织补的地面还延伸至南北双园入口处，犹如针线，将南北被原有园路分割的两个岩石园融合在了一起。岩石连接处还种上了黑麦冬、矮麦冬等耐踩的植物，色彩更为自然。

色调的统一

南北两边在石料的选择上使用了颜色相近的黄石和沙积石，也没有选择颜色过于鲜艳突兀的植物材料，使得南北两边在整体色调上达到了和谐统一。重复的元素，在北园，有一小段旱汀步是以磨盘铺设而成的，而南边则零星散布了几个磨盘作为点缀，既具有景观效果，也起到了与北边相互呼应的作用。同时使用磨盘的原因除可使景观上达到和谐统一之外，也是因为其重量相当，放置在地上不易随意移动，无需水泥砂浆作基础，既环保又能节省工程造价。

花园里的植物色彩也与岩石的色彩尽量和谐统一，因为没有选用那些过于鲜艳突兀的植物材料。

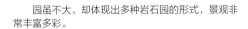
园虽不大，却体现出多种岩石园的形式，景观非常丰富多彩。

　　植物配置上两边岩石园也相互穿插，虽然北部主要以松柏类及灌木进行造景，但是仍然点缀少量多肉植物。而南面的沙地园里也零星种有低矮的松柏类植物。

景观的多样性

　　该园的另一大特色就是景观的多样性，园虽不大，但却打造了多种岩石园的形式。沙石铺地的花床则分为规则式的沙生岩石和片层岩石园景观。岩壁上的石隙间镶嵌种植宝石花、子持莲华等多肉类植物，形成墙垣式岩石园。摆放在角隅的石槽则是容器式微型岩石园。

　　岩石花园远观朴实粗犷，但其每一处都有设计师和施工团队的精雕细琢。在阳光照射下，岩石园犹如一颗闪闪发光的黄色宝石，镶嵌在了这梦花源的湖水之中。

DREAM GARDEN
梧桐家的梦想花园

文图 / 玛格丽特

　　一直认为，喜欢花草会比其他人更幸运，因为她们更能感受生命的美好，发自内心地对花草怀着一份特殊的情感。在这样一个安静的午后，坐在自家的露台花园里，静静聆听花草在风儿中的轻吟，感恩并珍惜生命中拥有的这一切。

花园主人@梧桐。

这块区域和露台的主要部分有些不协调，所以梧桐用一个网片分割，网片上则是爬的红色藤本月季和铁线莲'蓝天使'。外墙部分也是充分利用，牵牛和茑萝爬上了围墙，而底下则是用很大的容器种上了番茄。

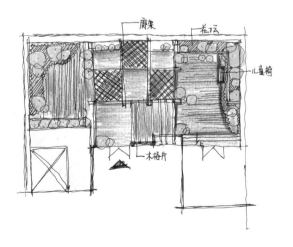

梧桐是我回常州后新认识的花友，有个大露台，位于金坛的市区。去年便去了她家好几次，露台建好没两年，便已美轮美奂。她不只是种花高手，露台的园艺配置也是精心别致。只是每次去拍，都觉得照片不够满意，没有把露台的美丽表现出来。

又是一年春天来到，梧桐说：各种月季都开啦，玛格丽特快来！但一直都没有时间，错过了月季的盛花期。一个周末带着孩子们冲过去，还好，赶上了绣球花开的季节。

梧桐的露台是狭长型的，布置了三个层次，靠围墙一层，用网片钉在墙上，有藤本月季和铁线莲攀援。

露台最外的一圈是重点，这里光线和通风也是最好。各种大小的盆器有条理地安置，从最高处围栏上的多肉，到中间一层的天竺葵，以及最下面大盆种植的绣球、月季等。

阳光房出来的门口有一棵巨大的双喜藤，开满了红色的花。台阶上也是摆满了。

露台的南面区域，也就是阳光房的门外，已经被各种的植物占满了，总算还找出了一小块地方放上一个小椅子，是梧桐的女儿安安最爱的角落了。

女儿安安最爱的角落，已经快被花草占满了。

露台上蒸发量大，每天的浇水是个很大工作量。到了夏天，露台上则是暴晒。梧桐说：夏天必须用两层遮阳网。

这是去年7月份在梧桐露台上拍的图片，遮阳网已经盖上了廊架。多肉植物则搬到了露台靠围墙，上面有玻璃顶棚的地方。

梧桐说：她从小就特别喜欢花，记得小时候，邻居家门口种了几棵栀子花，每年初夏的时节，总是抵抗不了那些洁白带着甜香的花儿的诱惑，不由自主地走过去。可是邻居家有狗，很凶，不敢靠近，只能远远地看着，闻着香味，站很长的时间。 还有茑萝，是小时候家里种过的，特别喜欢，那时候都叫五星花，一朵朵红色星星般点缀在绿色优雅的羽毛状叶片里。所以有了露台，她就立刻去找茑萝的种子……

是的，其实那颗喜欢花草、热爱园艺的心里，在还是孩童的时候就早已播下了种子。

一直认为，喜欢花卉的人会比其他人更幸运，因为她们更能感受生命的美好，发自内心地对花草怀着一份特殊的情感，能感受花儿在阳光下的喜悦，能听到根系吸收水分的快乐音符，冬去春来时会注意到小草在发芽、植物在生长；会在春天徜徉在花海里幸福而满足；会在秋日伤感花儿枯萎、树叶凋零；也会在这样一个安静的午后，坐在自家的露台花园里，静静聆听花草在风儿中的轻吟，感恩并珍惜生命中拥有的这一切！

铁艺饰品和各种特色花盆，
也能看出主人的用心。

阳光房这个时候除了一棵实在太大的三角梅和一些家具，基本是空置的了。每年的冬天，那些怕冷的木槿、天竺葵等就都搬进了阳光房，各种花开，温暖如春，坐这里喝茶，是冬日里最大的享受。不过夏天人热，室内的通风也不够好，所以一到春天，梧桐便拉了家里的劳动力，把各种植物全部又搬到了露台。

　　中间一层有几个大木柱子，是最开始设计的廊架柱子。便依着这几个大柱子做了中间一层的花境，靠柱子有藤本月季、三角梅；去的时候还有好几棵绣球，去年就开满了，今年更加茂盛。

　　刚拥有露台的时候，梧桐是做了很多功课的，她上论坛、上微博，疯狂地搜集花友们各种的案例，比如露台上的木网格片，是来自于露台春秋家的灵感，红陶的花器和各种别致的花园摆件也是咨询了很多花友，找到合适的淘宝卖家一件件从网上买回来。而花心思更多是那些已然开得美艳的花花草草，不知道跑了多少趟常州的花市，淘了多少网络上的卖家，每一株植物都仔细研究它的习性和种植要点……当然，她也说看过我发的每一篇博客，哈，让我很是开心。

露台上是各种盛开的花，如同儿时的梦想，在此刻尽情绽放。

花园的花架如何建?

文 / 杨晓萍　图 / 玛格丽特

　　想在花园里搭个花架,可以让植物攀爬在上面,春天看绿赏花,夏天在阴凉下品茗聊天是很多花友向往的事情,如何搭一个花架?如何选择合适的植物能布满花架?

　　花园里首先要有个供植物攀援的花架,春天可以看繁花似锦,夏季可以遮阴休息,既美化装饰,又实用,是花园中常要设置的经典要素。

　　可供建造花架的材料种类很丰富,如竹子、木材、石料、金属或者是钢筋混凝土都行,依据花园的整体风格选择花架的材质即可。

　　建花架不难,而真要能成为花园的点睛之笔,还要选择好植物。现今,市场上的攀援类植物种类丰富,主要看花园主人的爱好,再做选择。

　　有的花园主人喜欢看春天的繁花,那么久选择春节开花的植物吧,首选不如就选紫藤吧。

　　紫藤是温带植物,对气候和土壤的适应性强,较耐寒,能耐水湿及瘠薄土壤,喜光,较耐阴。每年的 3、

4 月开花，开花时节，串串藤花垂下，空气中飘散着淡淡清香，坐在花架下，赏花闻香，人生一大美事。夏天紫藤叶片浓密紫藤的生长速度较快，寿命长，适应能力强，耐热、耐寒，我国南方北方都有栽培。而且它的缠绕能力强，最适合做花架植物了。

适合夏季观花的攀援植物有茑萝、凌霄等。茑萝，花朵纤细秀丽，花期从 7 月可以一直开放到 9 月，早晨开放，午后谢。茑萝的栽培管理比较粗放，生存能力强。凌霄也是不错的选择，它喜欢充足阳光，也耐半阴。适应性较强。凌霄花开放时绿叶红花很是漂亮，但是，其花有毒，如果介意的话，就不要选择了。

适合做为花架的植物中还有一种比较值得关注，就是观赏药用兼具的金银花。金银花，花开时呈现白色，之后变黄，所以整个花季，白色、黄色兼有之，故名金银花。金银花还是一种中药材，有去火驱毒的功效。金银花的花期正值炎炎夏季，看绿叶丛中，金银点缀，带给人凉爽的感觉。

月季花种类繁多，花开似锦，其中藤本月季就可以作为花架植物。月季是一种适应性极强的花卉，在华北地区，从 5 月到 10 月期间开花不断。这种花卉耐寒耐旱，对土壤要求不严，日照充足，空气流通的环境最适宜其生长。

近年来，还有一种植物铁线莲成为很多花园主人的宠儿。其花瓣大，颜色丰富，蓝色、淡紫色、粉色都有，6~7 月间开花，很容易成为吸引眼球的花。铁线莲是毛茛科铁线莲属木质藤本植物，适合利用花架攀援。

作者介绍：
杨晓萍，高级农艺师，任教湖南生物机电职业技术学院，从事藤本植物在园林绿化中的应用研究工作。

GARDEN "EYE DOTTING"
花园 "点睛"

文 / 赵梦欣　图 / 赵宏

　　一座花园是否有情趣，除了硬件建设之外，各种装饰小品更是点睛之笔。有的小品还兼具实用功能。小编在本辑中为大家推荐几款"庭院时光"的产品，相信一定会让您爱不释手。

迷你温室（育苗箱）

参考价：45~55元

　　不要小看这"塑料盒子"哦！虽然看上去像个玩具盒子，但它可具备了温室的功能。在这一方小天地，可以培养你所喜爱的花草植物，见证从萌芽到长大的全过程。它还可以让小朋友自己动手播下种子，看着它们发芽、成长，亲身实践能帮助小朋友更好地认识自然，热爱自然。

　　温室顶部的盖子上有两个透气孔，可以用手指拨动，植物需要透气时就打开。温室内的空间可以放育苗盘，用来播种。底部是无孔的，两边有蓄水槽，既能让多余的水流出来不至于淤塞，还可以增加湿度。

草钉松土鞋

参考价：35元

　　花园里的草坪需要定期的松松土，才能更好的生长，才会更漂亮。可是，还真不知道如何给草坪松土呢，那成片的草坪好不容易长起来了，可不敢随便在上面"动手脚"。还好，有这样一款"鞋"，鞋底带有钉子，只需固定在脚上，穿着它在草坪上走走，散散步，就把松土工作完成啦！

圣诞树玻璃叶片装饰摆件

参考价：180元

一个精致的花园不可缺少精致的装饰品，它不需要体量有多大，也不需要质地有多么奢华，只要与你的花园气质相配，即使放在一个角落处，也能绽放芳华。

我喜欢这个圣诞树玻璃叶片装饰的摆件，它不张扬，在质朴中有着低调的奢华感。温暖的日子，我喜欢在晚间的花园将其点亮，朦胧夜色中，那橘色的光亮透着温馨；而在冬日里，我会把它拿到室内，在茶几一隅，它静默地燃起烛光，伴我与家人度过一个个团圆之夜。

法式乡村旧木书桌

参考价：1680元

法式乡村贵族徽标木靠背椅

参考价：380元

法式乡村白超大五层靠墙花架

参考价：1344元

很多园艺爱好者都喜欢拥有法式田园风格的花园，是因为其师法自然，以人为本，用简单朴素的家具，营造出欧洲古典乡村居家生活的特质，在自然清新中带着法国式特有的浪漫。木质的，有岁月感的家具是营造法式田园风格必不可少的元素。在这类家具的陪伴下，颇让人感动于岁月的变迁，而更加珍惜现有的生活。

法式乡村壁挂收纳箱

参考价：680元

超大尺寸的花园装饰太阳能灯

参考价：80元

造型独特可爱，白天，它们是花园的舞者，夜里，它们点亮花园的每一角落，是宁静夜晚中的那一抹星光。试想下，四位可爱的小精灵，静静的蹲守在你的小院子里，当夜幕降临，渐渐亮起的后背小灯，又是一个星光辉映的夜晚。

惟妙惟肖的铁皮猪水洒

参考价：60元

即使作为装饰，也会给花园增添生气。

唯美的铁艺制作吊篮

参考价：40元

简易镂空设计。